"海南珍稀木材计算机鉴定与识别技术研究"项目

广西壮族自治区地方标准"降真香"项目

2018—2019年中国（凭祥）边境自由贸易示范区"政府特聘专家"研究专项

黄向党　徐峰　李英健　符韵林　编著

降香、沉香、降真香鉴赏

海南木三香

HAINAN

全国百佳图书出版单位

化学工业出版社

·北京·

内 容 简 介

全书分四章，重点介绍海南木三香的定义，植物名称与种类、生物学特性，木材构造特征，木材化学成分，实物展示鉴赏，相似种及其真伪鉴别，促进心材形成或促进结香技术等内容。

本书可作为海南木三香经营贸易者、收藏爱好者、香文化爱好者、质检工作者鉴别海南木三香的重要工具书。

图书在版编目(CIP)数据

海南木三香：降香、沉香、降真香鉴赏 / 黄向党等编
著.—北京：化学工业出版社，2020.11
ISBN 978-7-122-37733-3

I. ①海 … II. ①黄 … III. ①木本植物–降香–介绍–
海南②木本植物–沉香–介绍–海南③木本植物–降真香–
介绍–海南 IV.① S717.266

中国版本图书馆CIP数据核字（2020）第174367号

责任编辑：郑叶琳   装帧设计：尹琳琳
责任校对：王鹏飞

出版发行：化学工业出版社(北京市东城区青年湖南街13号   邮政编码100011)
印   装：涿州市般润文化传播有限公司
710mm×1000mm   1/16   印张5$\frac{1}{4}$字数73千字   2021年5月北京第1版第1次印刷

购书咨询：010-64518888   售后服务：010-64518899
网   址：http://www.cip.com.cn
凡购买本书，如有缺损质量问题，本社销售中心负责调换。

定   价：58.00元

序言

　　在海南岛，特殊的地理、气候条件造就了独具特色的植物王国。在诸多木本植物中，"木三香"，即降香、沉香和降真香之载体树种已成为海南重要的药香两用植物。

　　据考证，海南木三香的利用历史悠久。对于降香黄檀，早在唐代陈藏器《本草拾遗》中就有花榈"出安南及南海，用作床几，似紫檀而色赤，性坚好"的说法。对于沉香，李时珍在《本草纲目》中称，"海南沉一片万钱""冠绝天下"。对于降真香，西晋嵇含《南方草木状》中有"紫藤叶细，长茎如竹，根极坚实，重重有皮，花白子黑，置酒中，历二三十年亦不腐败，其茎截置烟炱中，经时成紫香，可以降神"之记载。

　　本书的特色在于以下四点：(1)追溯渊源。引举古文献考证，挖掘了海南木三香利用的悠长历史。(2)学科交叉。贯串地理学、树木学、木材解剖学、木材化学等学科，首次对海南木三香进行了系统论述。(3)图文并茂。附有不同学科领域的图片，以使读者浏览时一目了然。(4)有的放矢。增添了具有针对性的海南木三香的相似树种及其应用实例，有助于读者进行器物真伪鉴赏。

　　本书旨在通过编著者的长期辛勤耕耘，为海南木三香资源可持续利用以及海南木三香文化产业的健康发展贡献微薄之力。此亦本书编著者之初心。

赵广杰

2019年深秋，于北京寓所

前 言

海南岛是我国仅次于台湾岛的第二大岛，是热带雨林、热带季雨林的原生地，具有中国面积最大、保存最完好的热带原始森林。海南岛植物繁多，有维管束植物约4 000种。其中药用植物约2 500种，芳香植物70余种。

海南三香众说纷纭。一种说法指三种香花，即梅花、水仙花、兰花。明代高启《题三香图》诗有云："罗浮、洛浦与潇湘，三处离魂一本香。"罗浮指梅，洛浦指水仙，潇湘指兰。另一种说法指三种香料，即椒、榝、姜。《尔雅翼·释木三》引《风土记》称："三香，椒、榝、姜也。"第三种说法是指沉香、檀香、龙涎香或者麝香。

目前，在海南岛药香市场上所指的三香是降香、沉香和降真香，并被列为海南药香两用的新三香植物。由于这三种植物均属于木本植物，因此本书编著者将降香、沉香和降真香称为海南木三香。

本书共四章，分别介绍海南木三香的地理分布，海南降香、海南沉香、海南降真香的定义，植物名称与种类、生物学特征，木材构造特征，木材化学成分分析，相似木材及其真伪鉴别方法，人工促进心材形成或促进结香技术等内容；为广大读者认知海南木三香特性与用途，正确鉴别其种类提供科学依据和方法技巧。

本书得到海南省社会发展科技专项（编号：2015SF30）"海南珍稀木材计算机鉴定与识别技术研究"项目、广西壮族自治区地方标准"降真香"项目的资助，同时还得到中共广西崇左市委员会2018～2019年中国（凭祥）边境自由贸易示范区"政府特聘专家"研究专项的资助。本书得以出版，也是这些项目课题组成员多年来研究成果的结晶。

编著者黄向党为海南大学教授。编著者徐峰教授、李英健高级工程师、符韵林教授，以及序作者赵广杰教授，均为中共崇左市委员会人才工作领导小组聘任的"政府特聘专家"。

由于编著时间短及知识水平有限，书中恐有疏漏之处，敬请广大读者批评指正。

编著者

2020年5月

目录

第三章 海南沉香

第四章 海南降真香

第一章
海南岛自然地理

1.1　海南岛的地理位置

海南省位于中国最南端。北以琼州海峡与广东省划界，西临北部湾与越南相对，东濒南海与台湾地区相望，东南和南面隔南海与菲律宾、文莱和马来西亚为邻。

海南省行政区域包括海南岛、西沙群岛、中沙群岛、南沙群岛的岛礁及其海域，是全国面积最大的省。海南省陆地总面积$3.54 \times 10^4 \, km^2$，海域面积约$200 \times 10^4 \, km^2$，其中海南岛面积占全省陆地面积的95%以上。

海南岛地处北纬$18°10' \sim 20°10'$，东经$108°37' \sim 111°03'$，岛屿轮廓形似一个椭圆形大雪梨，长轴作东北至西南向，长约290 km，西北至东南宽约180 km，总面积(不包括卫星岛)$3.39 \times 10^4 \, km^2$，是我国仅次于台湾岛的第二大岛。环岛海岸线长1 528 km，有大小港湾68个，周围-5 m至-10 m的等深地区达2 330.55 km^2，相当于陆地面积的6.8%。

海南木三香是指产自海南岛热带森林中的海南降香（降香黄檀）、海南沉香和海南降真香等稀有木材。海南特产的木三香，与海南岛特殊的自然地理环境有着密切的联系。

1.2　海南岛的地形与地貌

海南岛四周低平，中间高耸，呈穹隆山地形。山地和丘陵是海南岛地貌的主要特征，占全岛面积的38.7%。山脉海拔多数在500 m至800 m之间，属丘陵性低山地形。海拔超过1 000 m的山峰有81座，成为绵延起伏在低丘陵之上的长垣。海拔超过1 500 m的山峰有五指山、鹦哥岭、俄鬃岭、猴猕岭、雅加大岭、吊罗山等。这些大山大体上分三大山脉。五指山山脉：位于岛中部，主峰海拔1 867.1 m，是海南岛最高的山峰。鹦哥岭山脉：位于五指山西北，主峰海拔1 811.6 m。雅加大岭山脉：位于岛西部，主峰海拔1 519.1 m。在山地丘陵周围，广泛分布着宽窄不一的台地和阶地，占全岛总面积的49.5%。环岛多为滨海平原，占全岛总面积的11.2%。海岸主要为火山玄武岩台地的海蚀堆积海岸、由溺谷演变而成的小港湾或堆积地貌海岸、沙堤围绕的海积阶地海岸。海岸生态以热带红树林海岸和珊瑚礁海岸为特点。

1.3　海南岛的气候类型

海南岛属热带岛屿季风性气候，受季风影响较大，热带风暴和台风频繁。

海南岛全年气温年均23.8 ℃。最低的月份为1至2月，平均气温18 ℃；最高的月份为6至7月，平均气温27.7 ℃以上；极端最高气温为38 ℃左右。海水温度年平均26 ℃。海南湿度较大，年均湿度为77% ~ 86%。

海南岛全年日照量在300天以上，日照量最充足的地区是三亚市。海南岛年平均降雨量1 639 mm，季风雨和台风雨是海南雨水的主要来源，雨水调节了整个地区的气温，古诗曰："四时皆是夏，一雨便是秋。"海南岛无四季之分，一年仅分干、湿两季，其中每年4月至11月为湿季，12月至次年3月为干季。全岛可分为五大气候区，即东部湿润区、北部半湿润区、中部山地湿润区、西部半干旱区和南部半干旱半湿润区。

1.4　海南岛的植被类型

海南岛是热带雨林、热带季雨林的原生地，植物繁多。到目前为止，海南岛有维管束植物4 000多种，约占全国总数的15%，其中600多种为海南岛所特有。在4 000多种植物资源中，药用植物2 500多种；乔灌木2 000多种，其中800多种经济价值较高，列为国家重点保护的特产与珍稀树木的有20多种；果树（包括野生果树）142种；芳香植物70多种；热带观赏花卉及园林绿化美化树木200多种。

植物资源的最大藏量在热带森林植物群落类型中，热带森林植被垂直分带明显，且具有混交、多层、异龄、常绿、干高、冠宽等特点。热带森林主要分布于五指山、尖峰岭、霸王岭、吊罗山、黎母山等林区，其中五指山属未开发的原始森林。

海南岛热带森林以生产珍贵的热带木材而闻名全国。全岛共有针阔叶树种1 400多种，其中，乔木树种达800多种，有458种被列为优良珍贵的商品木材；属于特类材的有5种，分别是花梨木、坡垒、子京、荔枝、母生，一类材34种，二类材48种，三类材119种。适于造船和制造高级家具的木材有85种。

1.5　海南木三香的天然分布

降香（降香黄檀）、沉香和降真香被列为海南药香两用的新三香植物。由于降香、沉香和降真香均为木质藤本或乔木树种，所以又称海南木三香。

降香、沉香和降真香主要产地均在海南岛，而且分布的区域十分接近。降香（降香黄檀）以白沙、昌江、东方、保亭、陵水、三亚、海口等市县资源为多。沉香主要在崖县、保亭、陵水、昌江、白沙等市县。降真香则以东方、乐东、定安、澄迈、保亭、儋州、昌江、琼海、三亚等市县为多。

第二章
海南降香

2.1 何谓降香

"降香"在1955年《广州植物志》中称为海南黄花梨，1985年《中国木材志》改为降香黄檀。

至于降香的说法究竟始于何时，历史文献中没有明确记载。但在我国历史上先后有诸如"花梨（黎）""花梨母""花榈""榈木""老花梨""新花梨""海南檀""降香""降香檀""降香黄檀""香枝木"等称谓，英文名Rosewood。

花榈（榈木）最早出现在唐代陈藏器《本草拾遗》中，花榈"出安南及南海，用作床几，似紫檀而色赤，性坚好。"

明初曹昭撰的《格古要论》中记载："花梨木，出南蕃，紫红色，与降真香相似，亦有香，其花有鬼面者可爱，花粗而淡者低。"

明代李时珍在《本草纲目》木部第三十五卷"榈木拾遗"一条中提出，榈木之"木性坚，紫红色。亦有花纹者，谓之花榈木。可作器皿、扇骨诸物"。

清代李调元在《南越笔记》卷十三记载："花榈色紫红，微香。其文有若鬼面，亦类狸斑，又名花狸。"

德国学者艾克在《中国花梨家具图考》中，认为中国家具中所使用的"高级花梨木"可分为：海南黄花梨、老花梨、新花梨。

著名学者梁思成在考察古代建筑和研究明清家具时，发现明代所用"花梨"木与近代所用的"新花梨"并不是同一种木材，为了区别这两种相近而价值不同的木材，便将明代所用的"花梨"木加了一个"黄"字。此后"黄花梨"之名便流传开来。海南黄花梨指的是产自海南的花梨。

因为海南最好的"花梨"基本都是来自海南岛西部黎族人聚居的山区，所以海南当地更多的人把花梨称为"花黎"或"花梨母"。

花梨母有两重意思，一是海南话花梨木的谐音（母）；二是能正常开花结果的黄花梨称为"花梨母"。花梨公则是当地一种与海南黄花梨很相似的树木，但不容易开花结果，当地人称之为"花梨公"，后人定名为海南黄檀（*Dalbergia hainanensis*）。然而，我们在广西大学校区内同一地点发现两株树龄均为10年、胸径均为10 cm的降香黄檀（*Dalbergia odorifera*），其中一株已经开花结果5年以上，另一株则从未开花结果。原因有待进一步调查研究。

图2.1　十年生未结果的降香黄檀
（摄于广西大学校园）

图2.2　十年生已结果的降香黄檀
（摄于广西大学校园）

2.2　降香的标准名称

2015年版《中国药典》对降香的定义：降香（*Dalbergiae odoriferae* Lignum），为豆科植物降香檀（*Dalbergia odorifera* T. Chen）树干和根的干燥心材。

在GB/T 18107《红木》国家标准中，降香的名称规定为"降香黄檀"，归为香枝木类，从此降香有了一个规范的名称。所以，植物分类所称的降香黄檀、红木市场所称的"海南黄花梨"或"海南降香"就是《红木》国家标准所指的降香黄檀或香枝木。后面均以降香黄檀的属性进行叙述。

中文名称：降香黄檀

拉丁名称：*Dalbergia odorifera* T.Chen

木材名称：香枝木

科属名称：豆科黄檀属

2.3 降香（降香黄檀）"鬼脸花纹"的成因

提起海南黄花梨（降香黄檀）的"鬼脸"，可谓无人不知、无人不晓。它似乎成了黄花梨的经典招牌，或是海南黄花梨的代名词。

至于降香黄檀的鬼脸花纹的成因，知道的人就寥寥无几了。从树木生长习性和木材构造证实，降香黄檀容易形成"鬼脸花纹"是因为降香黄檀树木，在野生状态下或者人工栽植株行距较大的状态下，树木分枝多、分枝较低，树干节子多、多呈蛇形弯曲。当这些树干锯切成板材时，尤其是弦切板，板面就会呈现许多节巴或涡旋纹理，这就是通常所说的"鬼脸花纹"。

图2.3 降香黄檀板面上的"鬼脸花纹"　　图2.4 四十年生降香黄檀树干

2.4 降香的树木形态

半落叶乔木，树高10 ~ 20 m，胸径可达80 cm，树冠广伞形，分枝较多，树皮浅灰黄色，略粗糙。奇数羽状复叶，长15 ~ 26 cm，小叶7 ~ 13枚，近纸质，卵形或椭圆形，长3.5 ~ 8 cm，宽1.5 ~ 4.0 cm，先端急尖，钝头，基部圆形或宽楔形。圆锥花序腋生，由多数聚伞花序组成，长4～10cm；花淡黄色或乳白色；花瓣近等长。荚果舌状，长椭圆形，扁平，不开裂，长5～8cm，宽1.5～1.8cm，果瓣革质，有种子部分明显隆起，通常有种子1枚，稀2枚；种子肾形。

图2.5　十年生降香黄檀树冠
（摄于海南省林科所）

图2.6　十年生降香黄檀树冠
（摄于广西大学校园）

图2.7　降香黄檀奇数羽状复叶

图2.8　降香黄檀小叶7～13枚

图2.9　降香黄檀花序

图2.10　当年荚果与上一年荚果

2.5 降香的生物学特性

据《中国树木志》记载，降香黄檀的天然分布为除海南省万宁、陵水、五指山市以外的海南岛各市县，其中西部、西南部和南部黎族地区的白沙、东方、昌江、乐东、三亚、海口等市县为主要产区。

降香黄檀一般生长于海拔350 m以下石灰岩质山区的山坡上。对土壤条件要求不严，在陡坡、山脊、岩石裸露、干旱瘦瘠的地区均能生长。

降香黄檀属半落叶树种，每年换叶一次。由于分布区每年3～4月为旱季和雨季交替期，所以降香黄檀于每年3～4月为换叶期。落叶前树叶由绿变黄至黄红色。落叶后半个月左右又展新叶。

| 图2.11　石缝中生长的降香黄檀（摄于广西凭祥）

| 图2.12　降香黄檀落叶前树叶颜色变黄色

| 图2.13　散落在地面上的降香黄檀树叶

| 图 2.14　落叶后的降香黄檀树冠

| 图 2.15　展新叶后的降香黄檀树冠

　　降香黄檀每年4月上中旬开花，4月下旬至6月结果，荚果于当年11 ~ 12月大量成熟。当荚果皮由黄绿变成黄褐色时荚果即为成熟，可以采种。

| 图 2.16　降香黄檀——当年果枝

| 图 2.17　降香黄檀——新旧荚果在同一枝条

2.6 降香的木材构造与化学成分

2.6.1 树皮特征

降香黄檀幼树树皮呈淡绿褐色，平滑；成熟树干树皮呈灰色或灰白色，有浅纵裂或纵列；老树树干呈灰褐色或黑褐色，有纵裂或不规则裂。

图 2.18 六年生树干
（树皮平滑）

图 2.19 十年生树干
（树皮明显开裂）

图 2.20 三十年生树干
（树皮深纵裂）

图 2.21 老树树干
（树皮不规则开裂）

2.6.2　心边材特征

降香黄檀的心边材区别明显，心材红褐至深红褐色或紫红褐色，深浅不均，常夹有黑色条纹。边材灰黄褐或浅黄褐色。

按GB/T 18107《红木》国家标准规定，紫檀属、黄檀属、柿属、崖豆属及决明属树种的心材，其构造特征、密度和材色（大气中变深的材色）符合本标准规定要求的木材称为红木。降香黄檀的心材部分在《红木》国家标准中属香枝木类。边材部分即使其构造特征、密度均达到规定要求也不算红木。所以，尚未形成心材的降香黄檀木材，以及降香黄檀的边材均不属于红木范畴。在木材鉴定时可以鉴定为"降香黄檀木材"，但不能鉴定为"香枝木"，即不能说是红木，因为这部分木材无香枝木的特有香气和心材材色。

海南岛黎族人称降香黄檀木材的心材为"格"，根据成熟的心材材色和大小分为"油格"和"糠格"。油格主要指产自西部材色较深、呈红褐色或紫红褐色、密度较大、油性较强的降香黄檀心材部分。糠格主要指产自东部或东北部材色较浅、密度稍低、油性稍差的降香黄檀心材部分。海南黄檀由于其木材没有"格"，所以不能称为黄花梨（红木），当地人称为"花梨公"。

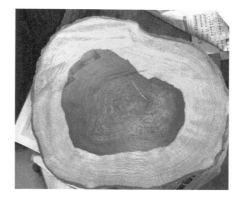

图 2.22　四十年生降香黄檀心材

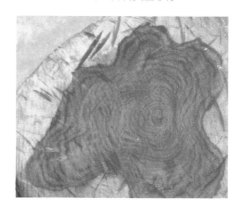

图 2.23　四十六年生降香黄檀心材

图 2.24　产自海南西部的黄花梨油格

| 图 2.25　产自海南东部的黄花梨糠格 | 图 2.26　广东阳江出土的降香黄檀阴沉木（全为心材）|

2.6.3　木材宏观构造特征

降香黄檀属散孔材至半环孔材。管孔肉眼下可见，放大镜下明显，散生或斜列。管孔内具红褐色树胶或白色的沉积物。轴向薄壁组织环管状、翼状、聚翼状、傍管带状或轮界状（靠生长轮末端）。木射线放大镜下可见，长短、疏密不一。原木表面或板材表面波痕可见。木材新鲜切面具浓郁的辛辣香气。木材纹理斜或交错，结构略细。

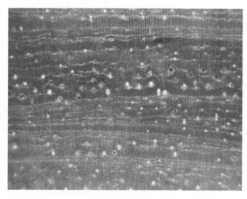

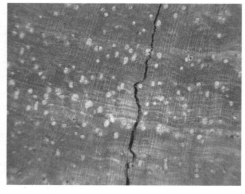

| 图 2.27　宏观横切面（海南霸王岭）| 图 2.28　宏观横切面（广东翰林中学）|

图 2.29　宏观横切面（海南尖峰岭）

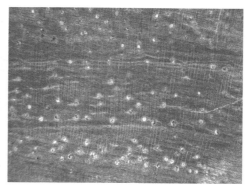

图 2.30　宏观横切面（海南八所电台）

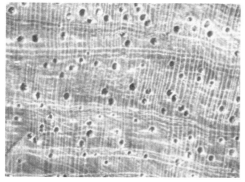

图 2.31　宏观横切面（广西南宁树木园）

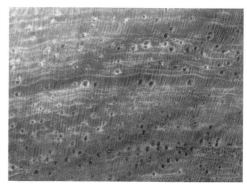

图 2.32　宏观横切面（广西林科院）

2.6.4　木材微观构造特征

降香黄檀导管横切面称为管孔，形状多为卵形，分布多数单个分散，少数 2 ~ 3 个径列复管孔。导管分子、轴向薄壁组织、木纤维及木射线均叠生。导管分子单穿孔，管间纹孔式互列。轴向薄壁组织星散 - 聚合状、翼状、傍管带状（宽 1 ~ 3 细胞）。木射线单列较少，高 1 ~ 7 细胞；多列射线宽 2 ~ 3 细胞，高 5 ~ 10 细胞，细胞近圆形。射线组织同形单列及多列，稀异形Ⅲ型。

笔者通过对海南、广东、广西三省区的 9 个降香黄檀的木材微观构造特征分析，除海南霸王岭的降香黄檀的管孔明显小而少，木射线以单列为主外，其余产地的降香黄檀的构造特征都十分接近。

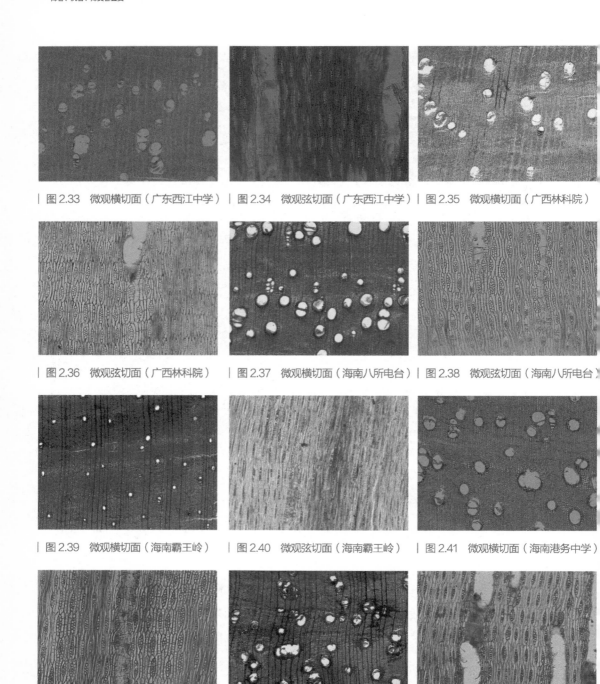

| 图 2.33　微观横切面（广东西江中学）| 图 2.34　微观弦切面（广东西江中学）| 图 2.35　微观横切面（广西林科院）

| 图 2.36　微观弦切面（广西林科院）| 图 2.37　微观横切面（海南八所电台）| 图 2.38　微观弦切面（海南八所电台）

| 图 2.39　微观横切面（海南霸王岭）| 图 2.40　微观弦切面（海南霸王岭）| 图 2.41　微观横切面（海南港务中学）

| 图 2.42　微观弦切面（海南港务中学）| 图 2.43　微观横切面（海南翰林中学）| 图 2.44　微观弦切面（海南翰林中学）

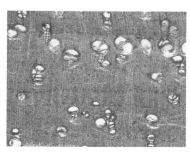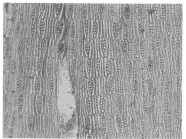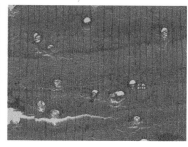

| 图2.45 微观横切面（海南尖峰岭） | 图2.46 微观弦切面（海南尖峰岭） | 图2.47 微观横切面（海南省林科所） |

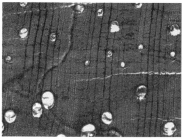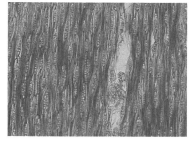

| 图2.48 微观弦切面（海南省林科所） | 图2.49 微观横切面（南宁树木园） | 图2.50 微观弦切面（南宁树木园） |

2.6.5　降香的化学成分及鉴定方法

2.6.5.1　降香的化学成分

降香黄檀内含物丰富，乙醇抽提物5%～20%，1%NaOH抽提物6%～20%，冷水抽提物2%～8%，热水抽提物4%～11%，苯醇2∶1抽提物5%～13%。

从类别看，降香黄檀抽提物主要成分为黄酮类（类黄酮、二氢黄酮、异黄酮、二氢异黄酮、异黄烷、黄烷、新黄酮、查尔酮、紫檀属），酚类，倍半萜类，醌类，芳基苯并呋喃类。

从内含物化合物来看，利用气质联用仪检测得到降香黄檀心材的化学成分如图2.51、表2.1所示，化合物种类达30种以上。经检索，根据匹配度分析出可能的主要成分如表2.1所示，其中含量最多的5种成分为：邻苯二甲酸二正丁酯（42.191%）、2-甲醛-双环[2.2.1]庚烷（21.462%）、橙花叔醇（16.701%）、Z,Z-6,28-己内酯二酮（12.277%）、10,11-十四碳二烯酸甲酯（3.594%）。

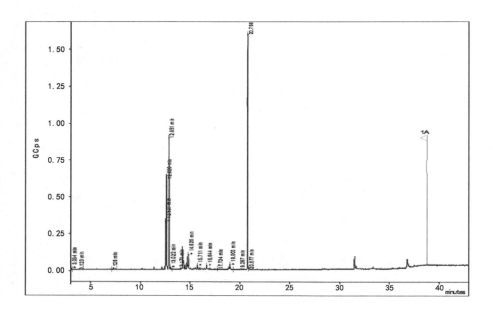

| 图 2.51　降香黄檀心材抽提物成分总离子流图

表 2.1　降香黄檀心材内含物主要成分

编号	化合物名称	R.Match	Result	保留时间/min	含量/%
1	邻苯二甲酸二正丁酯	948	948	20.768	42.191
2	2-甲醛-双环[2.2.1]庚烷	692	634	12.851	21.462
3	橙花叔醇	807	797	12.62	16.701
4	Z,Z-6,28-己内酯二酮	711	682	12.537	12.277
5	10,11-十四碳二烯酸甲酯	802	750	14.485	3.594
6	2-羟基-十八碳-9,12,15-三烯酸甲酯	754	744	16.644	0.822
7	2-萘甲醇-α-萘烷	843	843	14.785	0.775
8	3,9,12顺式-十八碳三烯酸甲酯	729	674	15.024	0.16

编号	化合物名称	R.Match	Result	保留时间/min	含量/%
9	苄醇	890	78	3.084	0.136
10	7-顺-倍半萜烯水合物	641	547	15.412	0.129
11	Z, Z-6,27-己内酯二酮	678	602	16.081	0.077
12	2,4-二硝基苯基-辛醛腙	640	618	15.352	0.061
13	十二烷-1-氟	792	607	17.734	0.038
14	3-辛基-甲基氧杂辛酸	707	561	15.955	0.027
15	3-癸醇酸	696	685	12.725	0.005

2.6.5.2　降香化学成分鉴定方法

降香（降香黄檀）化学成分的乙醇提取物含量测定、薄层色谱分析，按照海南省地方标准DB46/T 328—2015《降香黄檀（海南黄花梨）心材鉴定规程》中相关规定的方法进行。

2.6.6　降香家具及工艺品

图2.52　香枝木八件套沙发
（摄于广西凭祥红木第一城）

图2.53　香枝木宝鼎沙发
（摄于广西凭祥红木第一城）

| 图 2.54 香枝木佛像

| 图 2.55 香枝木枕头

2.7 与降香相似的木材

由于降香（降香黄檀）木材花纹美丽、价格昂贵，一些不法厂商挖空心思，寻找某些材色、花纹、材质与海南黄花梨很接近的木材冒充降香黄檀，以便获得高额利润。市场上出现的与降香黄檀相似的或冒充的树种主要有：越南黄檀（*Dalbergia tonkinensis*）、安氏紫檀（*Pterocarpus antunesii*）、刺猬紫檀（*Pterocarpus erinaceus*）、奥氏黄檀（*Dalbergia oliveri*）、紫油木（*Pistacia weinmannifolia*）、榆木（*Ulmus* spp.）、长叶鹊肾树（*Streblus elongates*）等。

2.7.1 越南黄檀

2.7.1.1 越南黄檀的来源

20世纪90年代广西一些木材贸易公司从越南进口一类与降香黄檀特征非常相似的木材，由于该类木材无论材色与气味、结构与纹理都酷似降香黄檀，因为主要分布于越南和老挝交界的长山山脉东西两侧，所以市场上称之为"越南黄花梨"。

根据越南红木商提供的木材标本及资料，本书作者曾发文称其为多裂黄檀（*Dalbergia rimosa*），后来经安徽农业大学刘盛全教授通过木材DNA测定，证明该种与降香黄檀接近，但又有一定的差异。海南省林科所联合广西大学林学院专家到越南调研、考察，并走访越南林业大学和越南农林部有关的林业专家，确定为越南黄檀，也称东京黄檀。所以，越南黄花梨（越南香枝木），即越南黄檀是海南黄花梨的相似种。

| 图 2.56　越南黄檀树木（摄于越南河内）

| 图 2.57　越南黄檀树干（摄于越南河内植物园）

| 图 2.58　越南黄檀花及幼果

| 图 2.59　越南黄檀花枝

| 图 2.60　越南黄檀果枝

2.7.1.2 关于越南黄花梨的讨论

由于越南黄花梨木材花纹不如海南黄花梨美丽，加上使用习惯，越南黄花梨的木材价格要比海南黄花梨木材价格低了许多。国内木材鉴定机构定为GB/T 18107《红木》国家标准中的香枝木类，并且得到红木企业和红木消费者的认同。因此，海南黄花梨和越南黄花梨这两种木材成为目前市场上最昂贵的红木。

由于降香黄檀与越南黄檀这两个树种的形态特征、木材材色、气味乃至构造特征十分近似，曾一度引起国内植物分类学、木材解剖学、木材化学和生物学有关专家的高度重视。2016年末广西凭祥市政府有关部门在凭祥市召开了海南黄花梨与越南黄花梨国际学术讨论会。来自中国及越南的40多位专家学者，就海南黄檀与越南黄檀的树木形态特征、木材解剖特征、木材化学成分和木材DNA条形码序列等进行探讨。有学者从这两种黄檀的地理分布、生长环境和物种命名进行分析，认为这两种黄檀应为同一个物种，并且都应该属于越南黄檀。但更多的学者从木材解剖、木材化学成分和木材DNA条形码序列分析，认为这两种黄檀应为不同的物种。

2.7.1.3 越南黄檀构造特征

越南黄檀的木材主要构造特征，散孔材至半环孔材。管孔肉眼下可见。管孔内具红褐色树胶或白色的沉积物。导管分子单穿孔，管间纹孔式互列。轴向薄壁组织环管状、翼状、聚翼状、傍管带状或轮界状。导管分子、轴向薄壁组织、木纤

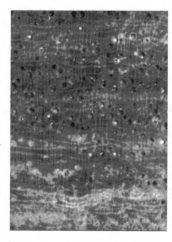 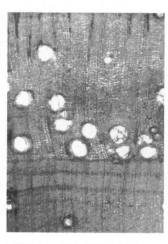 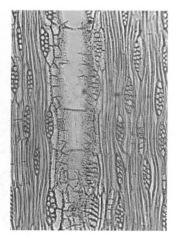

| 图 2.61　越南黄檀宏观横切面 | 图 2.62　越南黄檀微观横切面 | 图 2.63　越南黄檀微观弦切面

维及木射线均叠生。木射线单列较少，高2～7细胞；多列射线宽2细胞为主，高6～10细胞，细胞近圆形。射线组织同形单列及多列，与降香黄檀十分相似。越南黄檀与降香黄檀不同的木材构造特征主要有：木材纹理略比降香黄檀纹理直，材色和辛辣气味略淡于降香黄檀，木射线略窄于降香黄檀。

2.7.1.4 越南黄檀家具及工艺品

| 图2.64 越南香枝木老家具 | 图2.65 越南香枝木办公桌椅 | 图2.66 越南香枝木茶壶 |

2.7.2 安氏紫檀

2.7.2.1 与降香黄檀的异同点

安氏紫檀为21世纪初从非洲进口的紫檀属木材，属亚花梨木类，不属于GB/T 18107《红木》国家标准规定的红木范畴。由于其材色、纹理与降香黄檀有些相似，所以市场上称之为"非洲黄花梨"。安氏紫檀与降香黄檀最显著的区别是：安氏紫檀木材新切面具难闻的酸臭气味，而降香黄檀为浓郁的辛辣香气；安氏紫檀木射线以单列为主，而降香黄檀木射线以双列为主，它们之间的差别是很明显的。

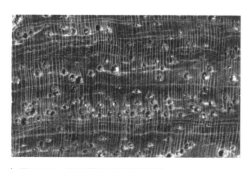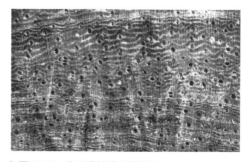

| 图2.67 降香黄檀宏观横切面 | 图2.68 安氏紫檀宏观横切面 |

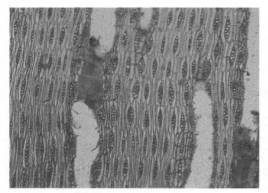

图 2.69　降香黄檀微观弦切面

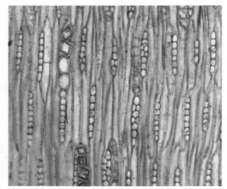

图 2.70　安氏紫檀微观弦切面

2.7.2.2　冒充海南香枝木的案例

　　浙江某客户向红木家具商购买三件套大床（见图2.71），商家与客户签订的买卖协议，标称该家具用材均为越南香枝木。后经法院委托检测机构鉴定为安氏紫檀（亚花梨类），结果商家败诉。

图 2.71　安氏紫檀三件套罗汉床

图 2.72　安氏紫檀木材微观横切面

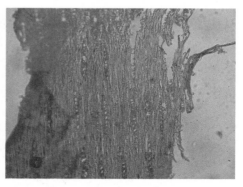

图 2.73　安氏紫檀木材微观弦切面

2.7.3　紫油木

2.7.3.1　树木形态

紫油木是漆树科（Anacardiaceae）黄连木属（*Pistacia*）树种，因其树叶比黄连木短小，通常将其称为细叶黄连木、细叶楷木；又因其种子榨出的油则呈紫红色，故由此得名紫油木。

图 2.74　紫油木树木　　　　图 2.75　紫油木枝叶

2.7.3.2　与海南香枝木异同点

紫油木心边材区别明显，心材新鲜时黄褐色，久则变成暗红褐色或紫红褐色，常具黑色条纹。做成的家具表明酷似黄花梨，而且主要分布在中国广西与越南交界的边境地区，所以有人将紫油木误称为广西黄花梨、越南小叶黄花梨。由于其板面花纹呈虎皮纹，所以市场上又称之为虎斑木。

图 2.76　紫油木原木

图 2.77　紫油木板材

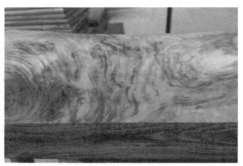

图 2.78　紫油木板面虎皮纹

紫油木与降香黄檀最显著的区别如下：

紫油木为散孔材，管孔小而密。轴向薄壁组织量少，星散状或环管状。单列射线少，多列射线宽 2～3 个细胞，高多数 10～20 个细胞；射线组织异形Ⅱ型或Ⅲ型。径向树胶道常见。

降香黄檀为散孔至半环孔材。轴向薄壁组织丰富，环管束状、翼状、聚翼状、傍管带状。木射线叠生，射线单列或 2 列，射线组织同形单列或多列。无径向树胶道。

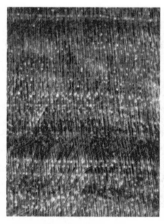

图 2.79　紫油木宏观横切面

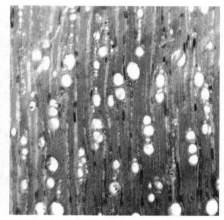

图 2.80　紫油木微观横切面——示管孔团

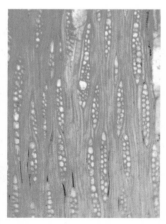

图 2.81　紫油木微观弦切面

2.7.3.3 紫油木家具或工艺品

| 图2.82 紫油木三件套皇宫椅

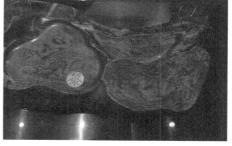

| 图2.83 紫油木茶台

2.7.4 长叶鹊肾树

长叶鹊肾树为桑科（Moraceae）鹊肾树属（*Streblus*）树木。国外商品名：Tempinis、Mabiwasa。

2.7.4.1 树木形态

大乔木，树高达33 m，胸径达1.2 m或以上。树皮粗糙，灰褐色；内皮柔软，红色。树枝柔软而下垂。主产于印度尼西亚的加里曼丹等地区，海拔350 m以下的低地雨林或开阔矮林中，伴生于金矿与铜矿矿脉上。

| 图2.84 树枝纤细柔软下垂

| 图2.85 干叶形态

| 图2.86 树皮形态

2.7.4.2　与海南香枝木特征异同

心边材区别明显，心材新切面红
褐色，久则变成巧克力褐色，常具紫
褐色条纹。板面通常出现树瘤花纹，
酷似海南黄花梨板面的花纹。所以，
市场俗称或误称为大叶黄花梨、印尼
黄花梨，用以冒充海南黄花梨。木材
气干密度0.98 ~ 1.35 g/cm^3。

| 图2.87　长叶鹊肾树原木

| 图2.88　原木端面花纹

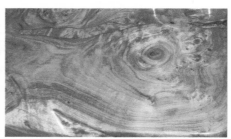

| 图2.89　板面呈"鬼脸花纹"

2.7.4.3　木材构造特征

散孔材，单管孔及径列复管孔（2 ~ 3个），偶见管孔团。轴向薄壁组织翼状、
聚翼状为主，轮界状或带状可见。木射线非叠生，单列射线少，多列射线宽2 ~ 3
细胞，高多数10 ~ 35细胞，同一射线有时出现两次多列部分。射线组织异形Ⅲ型，
稀Ⅱ型。

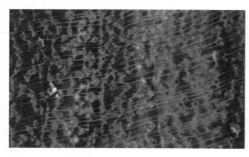

| 图2.90　木材宏观横切面

| 图2.91　木材微观弦切面

2.7.4.4 家具及工艺品

图 2.92 长叶鹊肾树三件套皇宫椅

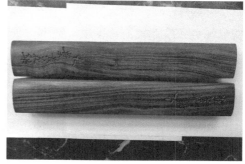

图 2.93 长叶鹊肾树工艺品（书镇）

2.7.5 奥氏黄檀

2.7.5.1 与黄花梨特征异同

奥氏黄檀在市场上称为"白枝"。近年来一些厂商从缅甸进口过一些奥氏黄檀，其原木材表面、木材纵切面甚至做成家具后的花纹都与降香黄檀的花纹（鬼脸花纹）十分相似，所以，有人企图以此来冒充降香黄檀（海南黄花梨）。奥氏黄檀气干密度1.04 ～ 1.07 g/cm³。

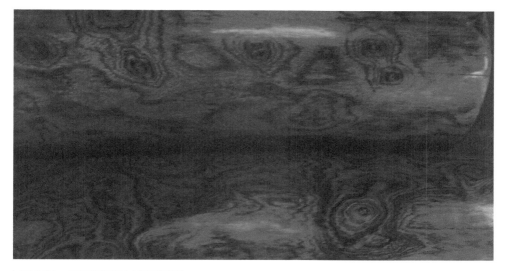

图 2.94 奥氏黄檀原木材表面花纹

2.7.5.2 木材构造特征

　　散孔材，有半环孔材趋势。心边材区别明显，心材红褐色或紫红褐色，常具明显深色条纹。轴向薄壁组织数多，带状、聚翼状及翼状，横切面上与木射线交叉成网状结构，这一特征与降香黄檀明显不同。单管孔及少数2～4个径列复管孔。木射线叠生，射线宽2～3细胞，高4～9细胞。射线组织同形单列或多列，稀异Ⅲ型。

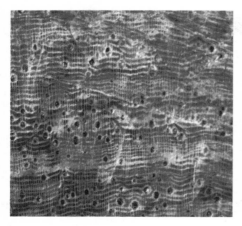

| 图2.95　奥氏黄檀宏观横切面

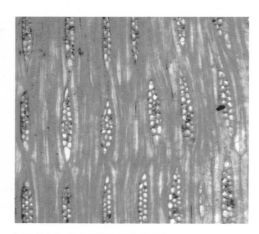

| 图2.96　奥氏黄檀微观弦切面

2.7.5.3 家具及工艺品

| 图2.97　奥氏黄檀餐桌椅

| 图2.98　奥氏黄檀餐椅

2.7.6　榆木

2.7.6.1　树木性状及分布

榆木为榆科（Ulmaceae）榆属（*Ulmus*）乔木树种，树高达25 m，胸径达1.0 m。榆木树皮呈不规则的块状脱落而露出红褐色内皮。单叶互生，叶缘具锯齿。主产于黄河以南至华南各省区及台湾地区。

图 2.99　榔榆树木

图 2.100　榔榆枝叶

2.7.6.2　与海南香枝木特征异同

榆木心边材区别明显，心材红褐至暗红褐色，边材浅褐或黄褐色。木材弦切面上有红色斑点，有油蜡的感觉，好像一层鸡油浮在汤上，故又称"红鸡油"。这些特征都与海南黄花梨木材有相似之处，所以有人用榆木冒充海南黄花梨。

环孔材，早材管孔1～2列，早材至晚材急变，晚材管孔波浪状排列或团列。木射线非叠生，单列射线较少，多列射线宽3～6细胞，高15～50细胞。射线组织同形单列及多列。

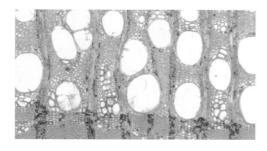

图 2.101　榔榆木材宏观横切面

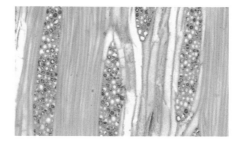

图 2.102　榔榆木材微观弦切面

2.7.6.3　冒充海南香枝木家具案例

湖北宜昌市一位收藏家购买一套雕龙凤云鹤纹多宝神龛柜。据说经过国内某文物检测鉴定中心专家鉴定，该套雕龙凤云鹤纹多宝神龛柜选用海南黄花梨木材，于明晚期加工制作而成。

经本书作者从该多宝神龛柜正面柱子上取样分析，该神龛柜所用的木料为榆科榆属的榆木，与海南黄花梨木材的构造特征相差甚远。

| 图 2.103　榆木冒充海南黄花梨的多宝神龛柜

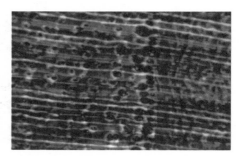

| 图 2.104　神龛柜木材宏观横切面

| 图 2.105　神龛柜木材微观弦切面

2.8　降香心材形成促进技术

降香黄檀在我国海南、广东、广西、福建、台湾、云南等省区的热带亚热带地区得到广泛推广种植，而且早期生长表现良好，年平均树高生长量可达50 cm以上，年平均胸径生长量可达0.7 cm以上。

| 图 2.106　三年生降香黄檀树高平均 3.3 m（摄于广西贵港周先生家）

图 2.107　三年生降香黄檀胸径 3.5cm
（摄于广西贵港周先生家）

图 2.108　十年生降香黄檀胸径 19.6 cm
（摄于海南省林科所大院内）

　　降香黄檀作为红木家具用材或医药用材，主要是利用树木的心材部分。一般认为降香黄檀种植8年以上，胸径达到8 ~ 10 cm时才有可能形成心材，而且人工林自然形成的心材所占比例较小，心材材色不深，挥发性油类含量不高。

| 图 2.109　十二年生降香黄檀的心材（横切面）

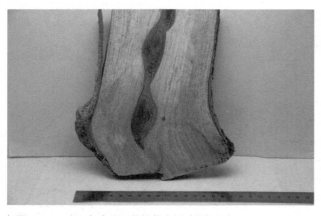

| 图 2.110　十二年生降香黄檀的心材（纵切面）

人工促进降香黄檀心材形成的技术已经引起业界的高度重视。一般采用一种或几种特定的激素，使用不同激素的浓度及含量促进引发心材的形成。国内目前研究心材促进的生长调节剂主要有乙烯、生长素、赤霉素、脱落酸、茉莉酸等具有抑制生长和促进衰老等生理作用的物质。但是植物种类不同，促进其产生心材的调节剂就不一样，同时不同浓度的调节剂对心材形成的作用也会有较大的差异。

乙烯和心材中的多酚以及抽提物的合成、酶活性的提升等有关。百草枯是一种快速灭生性除草剂，百草枯可以增加木质部薄壁细胞膜的通透性，使细胞器紊乱，破坏细胞膜、细胞器及细胞核，从而促进心材形成，但是对植物体伤害较大。脱落酸可以促进降香黄檀心材形成及心材挥发性油含量提高。此外，将多毛孢菌液滴注进降香黄檀树干也能促进心材形成和提高心材含油量。

促进心材形成的方法有三种：砍伤法、钻洞法和滴注法。砍伤法是指用柴刀或斧头将树皮或木质部砍伤，刀口或斧口向上，然后将化学药品或真菌液涂在伤口处。

图 2.111　仅砍伤树皮

图 2.112　砍伤至木质部

第三章
海南沉香

3.1 何谓沉香

根据中华人民共和国林业行业标准 LY/T 2904—2017《沉香》的规定，沉香是沉香属树种在生长过程中形成的由木质部组织及其分泌物共同组成的天然混合物质。

沉香树在特定的环境下可以结成沉香，但不能说沉香树的木头就是沉香。沉香的形成需要有一定的外部环境，例如沉香树因自然衰老、风吹电击、人为损伤等因素，使树木倒伏深埋地下数十年甚至数百年的时间，经历微生物分解或昆虫蛀蚀等生物分解，而形成由木质部组织及其分泌物共同组成的天然混合物质。

| 图 3.1 天然沉香

国产沉香以海南沉香最享盛名，宋代大文豪苏东坡谪居海南时写道："海南多荒田，俗以贸香为业"，"播厥薰木，腐馀是稸"。明代李时珍在《本草纲目》中称："海南沉一片万钱""冠绝天下"。清代诗人屈大均在《广东新语》中说："欲求名材香块者，必于海之南焉。"

| 图 3.2 已结香的沉香木

3.2 沉香植物种类及分布

根据《中国植物志》《中国高等植物图鉴》《中国树木志》《广西树木志》《广西植物名录》等文献，海南沉香树为瑞香科（Thy melaeaceae）沉香属（*Aquilaria*）树种；而《中国木材志》则将海南沉香树归为瑞香科白木香属（*Aquilaria*）的树种。然而，沉香属和白木香属的拉丁名均为*Aquilaria*。所以，实际上沉香属和白木香属为相同的属，称沉香属更通俗些。

海南沉香的树种主要是瑞香科沉香属的白木香（*Aquilaria sinensis*），又称沉香、土沉香。

据现有的资料记载，沉香属树种有25种或以上，主要分布在东南亚热带亚热带地区。其中，产于印度尼西亚的共有8种，*Aquilaria audate*、*Aquilaria beccariana*、*Aquilaria cumingiana*、*Aquilaria filaria*（丝虫沉香）、*Aquilaria hirta*、*Aquilaria malaccensis*（马来沉香）、*Aquilaria microcarpa*（小果沉香）、*Aquilaria moszkowskii*。

产于菲律宾的有8种，*Aqilaria acuminate*、*Aquilaria apiculata*、*Aquilaria brachyantha*、*Aquilaria citrinaecarpa*、*Aquilaria filaria*（丝虫沉香）、*Aquilaria malaccensis*（马来沉香）、*Aquilaria parvifolia*、*Aquilaria urdanetensis*。

产于中国的有2种，*Aquilaria sinensis*（白木香）、*Aquilaria yunnanensis*（云南沉香）。

分布最广的是马来沉香，印尼、马来西亚、菲律宾、新加坡、泰国、缅甸、孟加拉国、不丹、印度、伊朗均有分布。

产于越南、老挝、柬埔寨、泰国、马来西亚等国家的有：*Aquilaria baillonii*、*Aquilaria banaense*、*Aquilaria crassna*（科拉斯那沉香）、*Aquilaria khasiana*、*Aquilaria rostrata*、*Aquilaria subintegra*、*Aquilaria tomentosa*。

3.3 沉香树木形态特征

　　沉香树为世界少有的珍贵药香两用植物，属于濒危物种，我国将其列为二级重点保护的野生植物，也被列为《濒危野生动植物种国际贸易公约》（SITES）附录Ⅱ监管的物种。

　　沉香树是热带亚热带常绿乔木，树高5～18m，胸径可达40cm。树皮暗灰色、通常平滑，树皮纤维坚韧；小枝圆柱形，具皱纹，幼时被疏柔毛，后逐渐脱落，无毛或近无毛，时有时无。喜欢生活在低海拔的山地、丘陵以及路边疏林中。

| 图 3.3　沉香树木

| 图 3.4　沉香树树干

　　单叶互生，叶革质，圆形、椭圆形至长圆形，有时近倒卵形；长5～9cm，宽2.8～6cm，先端锐尖或急尖而具短尖头，基部宽楔形，上面暗绿色或紫绿色，光亮，下面淡绿色，两面均无毛；侧脉每边15～20条，在下面更明显，小脉纤细，近平行，不明显，边缘有时被稀疏的柔毛；叶柄长约5～7mm。

| 图 3.5　沉香树枝叶

花芳香，黄绿色，多朵，组成伞形花序；花梗长5～6mm，密被黄灰色短柔毛；萼筒浅钟状，长5～6mm，两面均密被短柔毛，5裂，裂片卵形，长4～5mm，先端圆钝或急尖，两面被短柔毛；花瓣10，鳞片状，着生于花萼筒喉部，密被毛；雄蕊10，排成1轮，花丝长约1mm，花药长圆形，长约4mm；子房卵形，密被灰白色毛，2室，每室1胚珠，花柱极短或无，柱头头状。

图3.6 沉香树花枝

图3.7 沉香花瓣、雄蕊和子房

蒴果果梗短，卵球形，幼时绿色，长2～3cm，直径约2cm，顶端具短尖头，基部渐狭，密被黄色短柔毛，2瓣裂，2室，每室具有1种子，种子褐色，卵球形，长约1cm，宽约5.5mm，疏被柔毛，基部具有附属体，附属体长约1.5cm，上端宽扁，宽约4mm，下端成柄状。花期春夏，果期夏秋。

图3.8 未成熟的沉香果实

图3.9 成熟的沉香果实

图3.10 沉香种子与果实连丝

3.4 沉香木材构造特征

3.4.1 沉香树干及材表特征

| 图 3.11 沉香树干特征

| 图 3.12 沉香材表特征

3.4.2 木材宏观构造特征

　　散孔材，管孔小，放大镜下可见。岛屿型内含韧皮部多而大，肉眼下可见，放大镜下明显，横切面上常被误认为管孔。内含韧皮部是沉香木材最重要的特征。心边材区别不明显，材色黄白或浅黄褐色，久露空气中材色变深，尤其充填树胶后变成黑色。生长轮不明显。轴向薄壁组织不见。木射线放大镜下明显。沉香木气干密度 0.40 ~ 0.43 g/cm³，但随沉香树脂物沉积量的程度不同，密度变化很大。

| 图 3.13 白木香横切面（照相机拍摄）

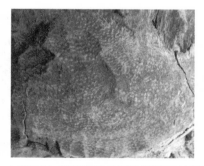

| 图 3.14 海南沉香横切面（照相机拍摄）

3.4.3　木材微观构造特征

　　单管孔及 2 ～ 3 个径列复管孔。导管分子单穿孔，管间纹孔式互列。轴向薄壁
组织稀疏环管状。内含韧皮部常数个弦列呈弯月形，底部可见白色的结晶体。木射
线非叠生，单列及对列为主，稀 2 ～ 3 列，高多数 5 ～ 10 个细胞，细胞方形而且较
大。射线组织异形 Ⅱ 型及异形 Ⅰ 型。

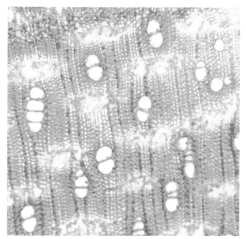

| 图 3.15　白木香微观横切面

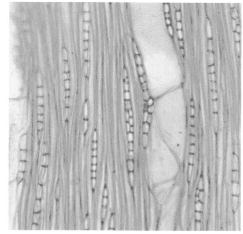

| 图 3.16　白木香微观弦切面

| 图 3.17　马来沉香微观横切面

| 图 3.18　马来沉香微观弦切面

| 图 3.19　越南沉香微观横切面

| 图 3.20　越南沉香微观弦切面

| 图 3.21　老挝沉香微观横切面

| 图 3.22　老挝沉香微观弦切面

| 图 3.23　印尼沉香微观横切面

| 图 3.24　印尼沉香微观弦切面

3.5 沉香的结香方法

3.5.1 天然结香

当一株沉香活树受到诸如强风折断、雷击受伤、虫鸟噬咬、牛羊猛兽等伤害后，便会在受伤部位形成伤口。这些伤口周围一旦受到细菌或真菌的感染便会发生病变，为了阻止木质组织病变形成树体溃烂，沉香树便会从树体中的内含韧皮部分泌出一种膏状油脂（沉香醇）。沉香醇是具有活性的，随着时间和所处环境的变化，形成一些油脂与木质的混合物质，整个过程便是沉香的结香过程。此类沉香一般常见以下几种。

第一种是沉香树树枝或树干被大风吹断，其断口周围已被新生的树皮完全包裹，常称之为"包头"。

| 图 3.25　树枝折断后形成的沉香

| 图 3.26　沉香树枝折断形成的"包头"沉香

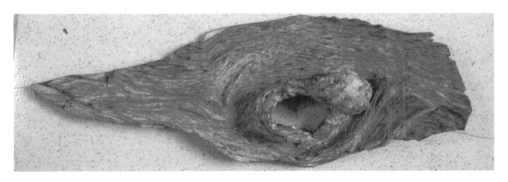

| 图 3.27　沉香树漏节形成的"包头"沉香

第二种是沉香树被昆虫或啄木鸟蛀蚀而形成的虫漏沉香。

第三种是砍伐或枯死的沉香树树桩或树根结香后形成的沉香，也称"土沉"或"地下格"。

| 图 3.28　昆虫蛀蚀形成的虫漏沉香

| 图 3.29　树根腐朽形成的沉香　| 图 3.30　树兜形成的沉香　| 图 3.31　树根腐朽形成的沉香

第四种是沉香树被暴风、山体滑坡、泥石流等自然灾害折断，被埋入泥土或砂石环境中，沉香木体内的沉香油脂不断扩散，不断被重力压榨，沉香体的重量和含油量不断增大，形成油脂质量很高的沉香，统称为"奇楠沉香"。

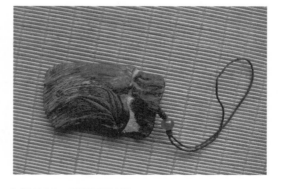

| 图 3.32　奇楠沉香挂件

3.5.2　人工结香

人工结香是指通过对沉香树进行刀砍、钻孔、打眼等机械损伤，促进沉香树结香的方法。常见的人工结香方法有以下几种。

第一种是使用刀斧、刮刀将树皮或树干表层木质刮伤，促使沉香树表层木质部分泌沉香油脂而结香。用此法结出的沉香一般呈薄片状。

图 3.33　刀斧砍伤沉香树木表面　　　　图 3.34　木质表面形成的沉香

第二种是将沉香树锯截成木段，使两端头结香。

图 3.35　沉香树原木端头　　　　图 3.36　沉香树原木端头结香

49

第三种是用木工钻或木工凿将树干钻成圆孔或长方形孔，一般深度为5～8 cm，然后将化学药品或真菌液灌入孔内，促使周围木质结香。或者将白蚁等动物引入孔洞内，让其啃咬孔洞周边木质促进结香。

| 图 3.37　沉香树干打孔

| 图 3.38　打孔周围形成的沉香

| 图 3.39　白蚁啃咬结香

第四种是将输液针管插进沉香树木质部内，通过树木的蒸腾作用或渗透作用将沉香诱导剂或真菌液滴灌进树木内部，以此引发沉香的形成。

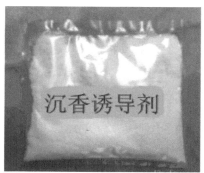

| 图3.40　沉香树滴灌法结香

| 图3.41　沉香结香诱导剂

3.6　沉香的化学成分及检测方法

3.6.1　沉香的化学成分

沉香95%乙醇抽出物一般大于10%，主要成分为2-（2-苯乙基）色酮类化合物、倍半萜类化合物、4-羟基二氢沉香呋喃、3,4-二羟基二氢沉香呋喃、芳香族化合物和脂肪酸等，其高效液相特征谱图及薄层色谱图，见图3.42、图3.43。

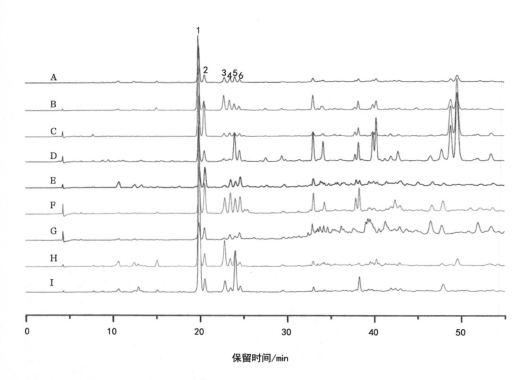

| 图 3.42　沉香的高效液相特征谱图（引自 LY/T 2904—2017）

说明：

A——沉香对照样；

B——沉香，产于海南省；

C——沉香，产于广东省；

D——沉香，产于广东省；

E——沉香，产于海南省；

F——沉香，产于香港特区；

G——沉香，产于老挝；

H——沉香，产于马来西亚；

I——沉香，产于越南。

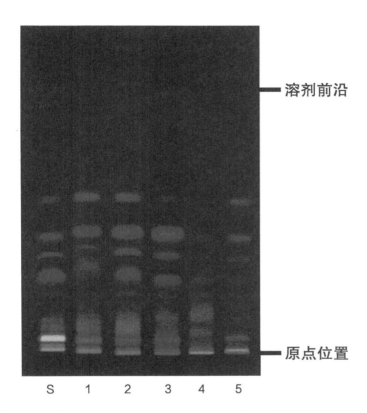

溶剂前沿

原点位置

S　1　2　3　4　5

| 图 3.43　沉香的薄层色谱图（引自 LY/T 2904—2017）

说明：

S——沉香，中国食品药品检定研究院；

1——沉香，产于柬埔寨；

2——沉香，产于海南省；

3——沉香，产于越南；

4——沉香，产于印度尼西亚；

5——沉香，产于越南。

3.6.2　沉香化学成分的检定方法

沉香化学成分的检定方法，按照中华人民共和国林业行业标准LY/T 2904—2017《沉香》中5.2.3沉香乙醇提取物含量测定、5.2.4显色反应、5.2.5薄层色谱分析、5.2.6高效液相特征图谱分析规定的方法进行。

3.7　海南沉香实物鉴赏

| 图 3.44　福山红土横丝沉香

| 图 3.45　蚁漏沉香（带蚁巢）

| 图 3.46　人工处理后的沉香（1）

| 图 3.47　人工处理后的沉香（2）

| 图 3.48　如意状横丝土沉

| 图 3.49　虫漏沉香（1）

| 图 3.50　虫漏沉香（2）

| 图 3.51　人工处理后的沉香（3）

| 图 3.52　人工处理后的沉香（4）

第四章
海南降真香

4.1 何谓降真香

2010年，在海南省昌江县霸王岭，一直被当地黎族人当药用、称为"总管藤"的植物活体引起人们的关注。之后不久，在海南海口市东湖市场里开始出现一种叫"降真香"的木质藤本药香两用材料。当时人们几乎不认识这个东西，"降真香"这个名字对于很多人来说也非常陌生，认识的人太少太少，但喜欢的人急剧增加，价格也水涨船高，随后争论不断，众说纷纭。

那么，什么叫降真香呢？

4.1.1 历史资料和近代文献记载的观点

降真香在历史上有过多种称呼，如紫藤香、鸡骨香、吉钩藤、降香、海南黎医称为总管藤、蛇总管。

对降真香的文字记载，据考最早出现在西晋植物学家、文学家嵇含所著的《南方草木状》（我国现存最早的地方植物志）："紫藤叶细，长茎如竹，根极坚实，重重有皮，花白子黑，置酒中，历二三十年亦不腐败，其茎截置烟炱中，经时成紫香，可以降神。"

降真香自唐宋以来，在宗教、香文化中广泛应用，唐代诗人白居易《赠朱道士》中提道："尽日窗间更无事，唯烧一炷降真香。"张籍诗云："醉依斑藤杖，闲眠瘿木床，案头行气诀，炉里降真香。"

《崖州志》中记载："蛇总管，色紫红，能辟蛇。治蛇咬，疗瘵症。土人制为手环，时珍带之，贾胡争相购买。"从史料记载中我们不难发现，降真香不仅是一种香料，也是一种药材。

明代李时珍《本草纲目》木部"降真香"所录："降香，唐、宋本草失收。唐慎微（北宋著名药学家，著《经史证类备急本草》）始增入之，而不著其功用。今折伤金疮家多用其节，云可代没药、血竭。""疗折伤金疮，止血定痛，消肿生肌。""俗呼舶上来者为番降，亦名鸡骨，与沉香同名。""烧之，辟天行时气，宅舍怪异。小儿带之，辟邪恶气。""拌和诸香，烧烟直上，感引鹤降。醮星辰，烧此香为第一，度箓功力极验。降真香之名以此。"

"降香"或"降真香"是泛指一类树种所产的香木，主要用于药用（止血定痛、消肿生肌、行气活血等功效）或熏香及降神（迷信），其树种有产于南洋诸国的印度黄檀（*Dalbergia sissoo*）、小花黄檀（*Dalbergia parviflora*）等；海南产"降香黄檀"原作为替代品也用于此，故又有"土降"之名。

李书渊通过大量本草查考，证实历史上降香用药应有三种，一为进口降香即蝶形花科植物印度黄檀，二为海南产蝶形花科植物降香黄檀，三为产于云南等广大地区的芸香科植物山油柑（*Acronychia pedunculata*）。通过从形态、产地、功效等方面考证认为芸香科山油柑不应作降香药用。

明代《格古要论》载"花梨木，出南蕃，紫红色，与降真香相似，亦有香"。《广东新语》（1700年）、《崖州志》（1908年）均提到花梨，并称"与降真香相似"。

民国时期由陈存仁撰写的《中国药学大辞典》载："降香即降真香之简称也。"

张丹雁教授等采用实地调研、采访观察山区植物生长状况和形态特征、收集标本，用基原鉴定法、性状鉴定法以及植物 DNA 条形码技术鉴别海南降真香原植物品种。结论是海南民族习用的两种藤类降真香分别来源于蝶形花科黄檀属植物两粤黄檀（*Dalbergia benthamii*）和斜叶黄檀（*Dalbergia pinnata*）富含树脂的木材。通过检测鉴定，也证明缅甸小叶降真香属于斜叶黄檀。

《中华人民共和国药典2015年版》（简称《中国药典》）对降香的定义：降香，为豆科植物降香檀（*Dalbergia odorifera* T. Chen）树干和根的干燥心材。全年均可采收，除去边材，阴干。

《中国药典》包括凡例、正文及附录，是药品研制、生产、经营、使用和监督管理等均应遵循的法定依据。所有国家药品标准应当符合《中国药典》凡例及附录的相关要求。

与沉香的结香条件一样，降真香是吉钩藤所结的香。吉钩藤若想结香有两个必要的条件，一是必须要有伤口，如人为砍伤、动物伤、雷击、虫蛀、蚁啃等。另一条件就是真菌。伤口受到真菌感染，藤自身再分泌出油脂来修复伤口，真菌和藤体年复一年地反复对抗，随着时间的沉淀就形成了含油脂很高的香料。

4.1.2 分析与推论

降真香应该是一类具有香用功能和药用功能的结香植物。主要产地是海南岛和东南亚，海南岛主要以药用为主，东南亚以香用为主。

大量资料证实，降真香植物应该属于蝶形花科黄檀属（*Dalbergia*）。但在不少中医药文献、期刊报道以及中药市场上人们长期把芸香科山油柑也称作降真香，这是错误的。

降真香早期应该仅限于黄檀属藤本结香植物，后来因为各种原因扩大到黄檀属有心边材区别且具有香味的灌木和乔木的心材，有记录的有：降香黄檀（乔木）、印度黄檀（乔木）、小花黄檀（攀缘灌木）。进口的印度黄檀和小花黄檀又称为"番降"。据成俊卿《中国木材志》记载："海南岛黎族同胞过去习惯将木材截成50厘米长的木段，削去边材，即成降香或降香木，由国家论斤收购，出口东南亚，供制佛香之用。"但不少文献又记载降香黄檀"与降真香相似"，也就是说，降香和降真香是不同的两类植物。以上记载似乎相互矛盾，但无论如何，《中国药典》明确规定降香是指降香黄檀的树干和根的干燥心材，这是法定的。而降真香是什么呢？目前尚没有法定标准。

李世晋著的《亚洲黄檀》记载：全球黄檀属植物一共约有250种，分布于热带和亚热带地区，亚洲为其最大的分布中心，有92种，大洋洲约4种（均与亚洲共有），非洲60~70种（其中马达加斯加43种，42种为特有），美洲45~55种。亚洲92种黄檀属植物中，乔木31种，占三分之一，其余均为木质藤本或灌木。

黄檀属乔木和灌木如有心边材区别，不少木种心材新切面有一定的香味，如红酸枝和黑酸枝的酸香味、降香黄檀和小花黄檀的降香味，没有结香过程，但藤本原本无香味，结香才有香味（这点与沉香相似），而且气味多种，有花香、蜜香、果香、乳香、药香等，有时一木多香。

根据广州中医药大学张丹雁团队的研究，和我们与海南省降真香协会实地到海南岛尖峰岭、乐东县、云南与缅甸交界河流两岸的实地考察调研及采访观察山区植物生长状况、形态特征并收集标本，确定目前市场上销售的降真香基本上是三种：两粤黄檀、斜叶黄檀和红果黄檀（*Dalbergia tsoi*）。有关报道还有藤黄檀（*Dalbergia hancei*），但没有具体证据。

根据广州中医药大学张丹雁团队的研究，目前市场上销售的各种降真香的化学成分非常相似，均主含挥发性油（主要是榄香素，其次是甲基丁香酚）、黄酮、鞣质（单宁）及有机酸等多种成分。

4.1.3 结论

通过对上述的历史资料和近代文献记载的观点进行分析和推论，结合近年的研究成果，得出以下结论：

一是降真香是蝶形花科黄檀属藤本植物在生长过程中受伤后自我修复过程中所结的香和藤体组织共同组成的天然混合物质（其形成过程类似沉香）。

二是降真香是香药两用材料（香材和药材）。

三是降真香的化学成分主含挥发性油（主要是榄香素，其次是甲基丁香酚）、黄酮、鞣质（单宁）及有机酸等多种成分。

目前市场上的降真香有三种：两粤黄檀、斜叶黄檀和红果黄檀，其化学成分非常相似。

4.2 降真香植物种类及分布

4.2.1 两粤黄檀

科属分类：蝶形花科（Papilionaceae）黄檀属。

市场上俗称：大叶降真香、大叶料。

分布：中国海南、广东、广西等和越南北部。海南主要分布在东方、乐东、定安、澄迈、保亭、儋州、三亚等市县。

4.2.2　斜叶黄檀

科属分类：蝶形花科黄檀属。

市场上俗称：小叶降真香、小叶料。

分布：中国海南、广西、云南、西藏等省区。印度、尼泊尔、不丹、孟加拉国、缅甸、泰国、老挝、越南、柬埔寨、印度尼西亚、马来西亚、新加坡、文莱、菲律宾、巴布亚新几内亚等国家也有分布。海南主要分布在东方、乐东、保亭、昌江、琼海、三亚等市县。

4.2.3　红果黄檀

科属分类：蝶形花科黄檀属。

市场上俗称：十亩香、红果檀、白沙黄檀。

分布：中国海南。泰国、老挝、越南、柬埔寨等国也有分布。海南主要分布在东方、乐东、琼中、陵水、儋州、三亚等市县。

4.3　降真香植物形态特征

4.3.1　两粤黄檀

藤本，有时为灌木状。枝长，干时常呈黑色。羽状复叶长 12～17 cm；叶轴、叶柄均略被伏贴微柔毛；小叶 2～3 对，近革质，卵形或椭圆形，长 3.5～6 cm，宽 1.5～3 cm，先端钝，微缺，基部楔形，上面无毛，下面干时常呈粉白色，略被伏贴微柔毛。圆锥花序腋生，长约 4 cm，径约 2.5 cm；花冠白色，雄蕊 9 枚，单体；荚果薄革质，舌状长圆形，种子 1～2 枚；种子肾形，扁平。

| 图 4.1　两粤黄檀叶子

| 图 4.2　两粤黄檀藤体受伤开始结香

| 图 4.3　两粤黄檀结香藤体

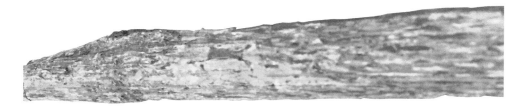

| 图 4.4　结香具黄药膜的两粤黄檀藤体

4.3.2　斜叶黄檀

　　木质藤本，藤状灌木或有时为乔木。羽状复叶，长8～17cm；小叶10～20对，近革质，斜长圆形，长12～18mm，宽5～7.5mm，互生至对生，先端钝至微凹，

基部偏斜，一侧楔形，另侧近圆形；小叶柄短。圆锥花序腋生，长1.5～5cm，径
1.2～2.5cm，具伞房状的分枝；总花梗极短或近无梗，花冠白色，雄蕊9～10枚，
单体。荚果薄，膜质，狭长圆形至带状，种子1～4枚；肾形，扁平。

| 图4.5　斜叶黄檀叶子

| 图4.6　未结香斜叶黄檀藤体

| 图4.7　结香斜叶黄檀藤体（海南）

| 图4.8　结香斜叶黄檀藤体（缅甸）

4.3.3 红果黄檀

木质藤本。羽状复叶长9～15 cm；小叶8～15对，椭圆形至长圆形，长10～17 mm，宽5～8 mm，先端圆，微凹入，基部圆或急尖，纸质。圆锥花序腋生，伞房状；雄蕊9枚，单体。荚果长圆形或带状，扁平，长5～7 cm，宽1.2～2 cm，顶端圆，有小凸尖，果瓣革质，种子部分或全部均有粗大、凸起疏网纹，干时常呈红褐色，有种子1枚，稀2枚；种子肾形，扁平。

| 图 4.9　红果黄檀叶子和未成熟荚果

| 图 4.10　红果黄檀未结香藤体

| 图 4.11　红果黄檀藤体（中空，已开始结香）

| 图 4.12　红果黄檀结香藤体

4.4 降真香木材构造特征

4.4.1 两粤黄檀

结香藤体颜色呈红褐色、黄褐色、紫褐色等，部分藤体色差大，与未结香藤体颜色区别明显。具有奶香、椰香、甜香、药香等香味。结香藤体常有虫孔和空洞。散孔材，单管孔为主、径列复管孔和少数管孔团；管孔直径大小相差很大，可达20倍以上。轴向薄壁组织主为带状（宽2～7细胞），环管状。射线明显，部分射线与轴向薄壁组织相交构成网状；弦切面上射线宽1～4细胞，多数2～3细胞；射线高6～20细胞。气干密度根据含油量不同相差很大，含油量高的密度大于1.00 g/cm³。

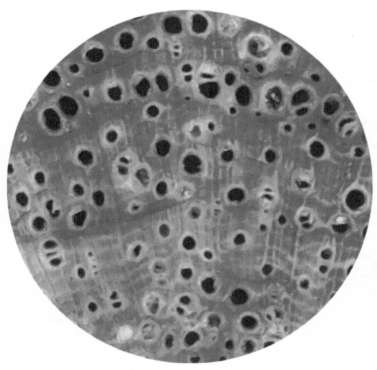

图 4.13 两粤黄檀藤体宏观横切面

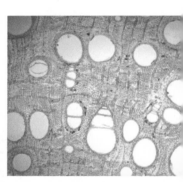

图 4.14 两粤黄檀藤体微观横切面

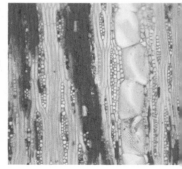

图 4.15 两粤黄檀藤体微观弦切面

4.4.2　斜叶黄檀

结香藤体颜色呈红褐色、黄褐色、紫褐色等，与未结香藤体颜色区别明显。具有奶香、椰香、甜香、药香等香味。结香藤体常有虫孔和空洞。散孔材，单管孔、管孔团和径列复管孔；管孔直径大小相差很大，相差大的可达20倍以上。薄壁组织主为带状（宽2～5细胞），环管。射线明显，部分射线与轴向薄壁组织相交构成网状；射线单列为主、稀对列或二列；射线高5～11细胞。气干密度根据含油量不同相差很大，含油量高的密度大于1.00 g/cm³。

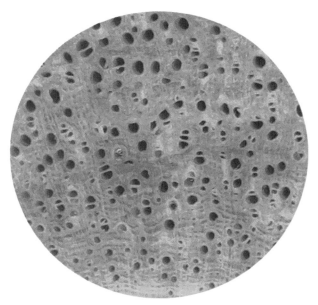

| 图 4.16　斜叶黄檀藤体宏观横切面

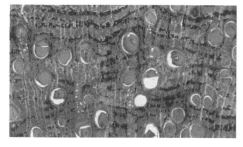

| 图 4.17　斜叶黄檀藤体微观横切面

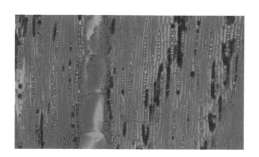

| 图 4.18　斜叶黄檀藤体微观弦切面

4.4.3 红果黄檀

结香藤体颜色呈红褐色、黄褐色、紫褐色等，与未结香藤体颜色区别明显。具有奶香、椰香、甜香、药香等香味。结香藤体常有虫孔和空洞。散孔材，单管孔为主、径列复管孔和少数管孔团；管孔直径大小相差很大，相差大的可达10倍以上。薄壁组织主为带状（宽2～7细胞），环管、聚翼状。射线明显，部分射线与轴向薄壁组织相交构成网状；单列射线甚少，多列射线宽3～4细胞；射线高7～16细胞。气干密度根据含油量不同相差很大，含油量高的密度大于1.00 g/cm³。

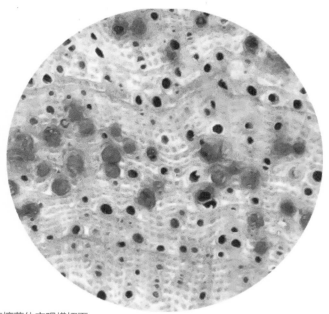

| 图 4.19　红果黄檀藤体宏观横切面

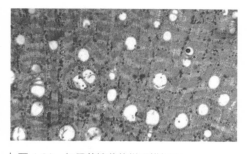

| 图 4.20　红果黄檀藤体微观横切面

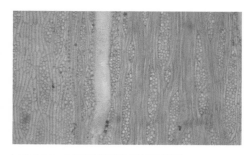

| 图 4.21　红果黄檀藤体微观弦切面

4.5　降真香的化学成分及其测定方法

4.5.1　降真香的化学成分

降真香95%乙醇抽出物一般大于25%，主要成分为挥发性油（主要是榄香素，其次是甲基丁香酚）、黄酮、鞣质（单宁）及有机酸等。

4.5.1.1　两粤黄檀化学成分

利用气质联用仪检测得到两粤黄檀化学成分如图4.22、表4.1所示，两粤黄檀的化学成分种类达30种以上，其中含量最多的5种成分为：抽邻苯二甲酸二正丁酯（44.75%）、1-（2,5-二甲氧基苯基）-乙酮（33.91%）、橙花叔醇（9.619%）、2-甲醛-双环[2.2.1]庚烷（4.18%）、3-甲氧基-N-甲氧基-4-醇-6,7-二酮（2.65%）。

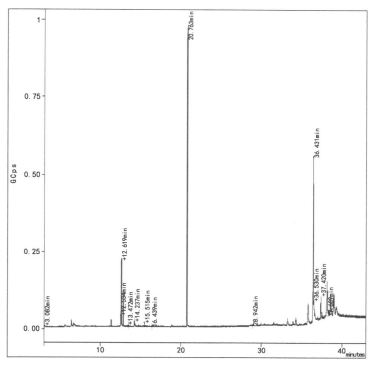

图 4.22　两粤黄檀化学成分总离子流图

表4.1　两粤黄檀主要化学成分

编号	化合物名称	百分含量（%）	保留时间（min）
1	邻苯二甲酸二正丁酯	44.75	20.763
2	1-（2,5-二甲氧基苯基）-乙酮	33.91	36.431
3	橙花叔醇	9.619	12.619
4	2-甲醛-双环[2.2.1]庚烷	4.18	12.847
5	3-甲氧基-N-甲氧基-4-醇-6,7-二酮	2.65	37.42
6	Z, Z-6,28-己内酯二酮	1.145	14.297
7	十氢-10a-2（1H）-苯并环辛烯酮	0.857	14.237
8	2,4,4,6,6,8,8-七甲基-2-壬烯	0.263	15.515
9	4-丁酰基-2-（1-甲基-2-硝基）环己酮	0.176	15.523
10	6,28-脱水-15-氯-25-米尔伯霉素B	0.112	37.6
11	1-氟十二烷	0.098	13.472
12	视黄醇	0.069	36.646
13	1-溴-5-羟基金刚烷-2-酮	0.059	36.515
14	2-十九烷酮2,4-二硝基苯肼	0.046	13.502
15	9-顺式-11-反式-十八碳二烯酸乙酯	0.04	14.263
16	11,14-二十碳烯酸甲酯	0.035	15.54

4.5.1.2　斜叶黄檀化学成分

　　利用气质联用仪检测得到斜叶黄檀化学成分如图4.23、表4.2、图4.24所示。斜叶黄檀的化学成分种类达30种以上，其中含量最多的5种成分为：

2,4-二甲氧基苄醇（39.43%）、炔孕酮（8.467%）、2,4,6-三甲氧基苯甲醛（6.182%）、3-甲氧基-N-甲氧基-4-醇-6,7-二酮（5.11%）、2-庚烯基苯（3.006%）。

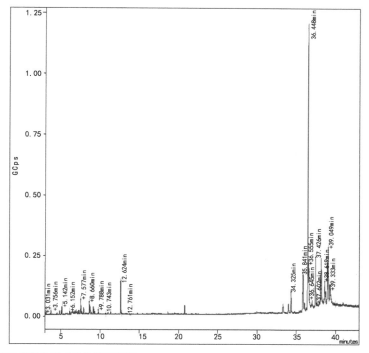

| 图 4.23　斜叶黄檀化学成分总离子流图

表 4.2　斜叶黄檀主要化学成分

编号	名称	百分含量（%）	保留时间（min）
1	2,4-二甲氧基苄醇	39.43	36.448
2	炔孕酮	8.467	39.049
3	2,4,6-三甲氧基苯甲醛	6.182	38.954
4	3-甲氧基-N-甲氧基-4-醇-6,7-二酮	5.11	37.426
5	2-庚烯基苯	3.006	9.141

续表

编号	名称	百分含量（%）	保留时间（min）
6	去羟米松	2.868	38.166
7	橙花叔醇	2.65	12.624
8	冠4烯	1.838	36.559
9	二环丁醇	1.704	39.256
10	5-甲酰基-2,3,3'，4'-四甲氧基二苯乙烯	1.358	38.713
11	环己基苯	1.263	7.577
12	（1,4-二甲基戊-2-烯基）苯	1.192	8.730
13	3-甲氧基-2,4,7-三甲基苯酚	1.015	39.271
14	3-甲氧基-2,4,9-三甲基苯酚	0.936	39.305
15	3-甲氧基-2,4,8-三甲基苯酚	0.734	39.288
16	硅雄酮	0.682	39.131
17	3-甲氧基-2,4,10-三甲基苯酚	0.679	39.333
18	2,5二甲氧基-4-硝基-苯乙胺	0.543	35.841
19	1-庚烯基苯	0.497	9.205
20	3-甲氧基-2,4,11-三甲基苯酚	0.46	39.349

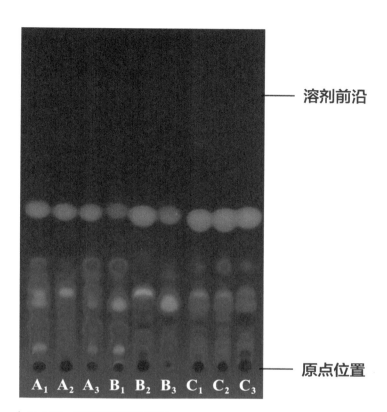

溶剂前沿

原点位置

A₁ A₂ A₃ B₁ B₂ B₃ C₁ C₂ C₃

| 图 4.24　降真香的薄层色谱图

说明：

A_1——红果黄檀，产于海南省；

A_2——红果黄檀，产于海南省；

A_3——红果黄檀，产于海南省；

B_1——两粤黄檀，产于海南省；

B_2——两粤黄檀，产于海南省；

B_3——两粤黄檀，产于缅甸；

C_1——斜叶黄檀，产于海南省；

C_2——斜叶黄檀，产于海南省；

C_3——斜叶黄檀，产于缅甸。

4.5.2　降真香化学成分测定方法

　　海南降真香化学成分的测定方法，按照广西壮族自治区地方标准DB45/T 1914—2018《降真香鉴定方法》中5.2.2降真香乙醇提取物含量测定、5.2.3薄层色谱分析规定的方法进行。

4.6　降真香实物鉴赏

| 图4.25　市场销售的降真香

| 图4.26　凤眼降真香

| 图4.27　带黄药膜降真香（1）

| 图4.28　满油糖结降真香

| 图4.29　带黄药膜降真香（2）

| 图4.30　降真香项链挂件

图 4.31　降真香手镯（明代）

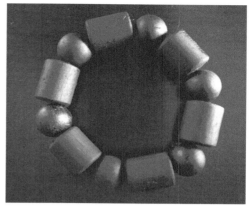

图 4.32　降真香手串

图 4.33　环形降真香

图 4.34　蛇形降真香

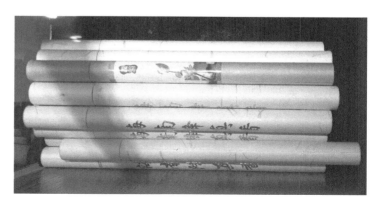

图 4.35　降真香精油　图 4.36　降真香线香

参考文献

［1］徐峰. 木材鉴定图谱［M］. 北京：化学工业出版社，2008.

［2］徐峰，黄善忠. 热带亚热带优良珍贵木材彩色图鉴［M］. 南宁：广西科学技术出版社，2009.

［3］刘鹏，杨家驹，卢鸿俊. 东南亚热带木材（第二版）［M］. 北京：中国林业出版社，2008.

［4］刘鹏，姜笑梅，张立非. 非洲热带木材（第二版）［M］. 北京：中国林业出版社，2008.

［5］姜笑梅，张立非，刘鹏. 拉丁美洲热带木材（第二版）［M］. 北京：中国林业出版社，2008.

［6］海凌超，徐峰. 红木与名贵硬木家具用材鉴赏（第二版）［M］. 北京：化学工业出版社，2016.

［7］殷亚方，姜笑梅，等. 濒危和珍贵热带木材识别图鉴［M］. 北京：科学出版社，2015.

［8］国家药典委员会. 中华人民共和国药典：2015年版［M］. 北京：中国医药科技出版社，2015.

［9］GB/T 18107—2017 红木.

［10］中华人民共和国濒危物种进出口管理办公室，中华人民共和国濒危物种科学委员会编印. 濒危野生动植物种国际贸易公约（附录Ⅰ、附录Ⅱ、附录Ⅲ），2016.

［11］国家林业局，农业部. 国家重点保护野生植物名录（第一批），1999.

［12］LY/T 2904—2017 沉香.

［13］DB45/T 1914—2018 降真香鉴定方法.

［14］DB46/T 328—2015 降香黄檀（海南黄花梨）心材鉴定规程.